记忆中的
老北京小吃

冯怀申 著

国家一级出版社　　中国纺织出版社　　全国百佳图书出版单位

图书在版编目（CIP）数据

小吃大艺：记忆中的老北京小吃 / 冯怀申著. --
北京：中国纺织出版社，2018.9
ISBN 978-7-5180-5252-3

Ⅰ.①小… Ⅱ.①冯… Ⅲ.①风味小吃—介绍—北京
Ⅳ.①TS972.142.1

中国版本图书馆CIP数据核字（2018）第167802号

责任编辑：国 帅 韩 婧　　责任校对：王花妮
责任设计：卡古鸟　　　　　　责任印制：王艳丽

中国纺织出版社出版发行
地址：北京市朝阳区百子湾东里A407号楼　邮政编码：100124
销售电话：010－67004422　传真：010－87155801
http://www.c-textilep.com
E-mail:faxing@c-textilep.com
中国纺织出版社天猫旗舰店
官方微博http://weibo.com/2119887771
北京市雅迪彩色印刷有限公司印刷　各地新华书店经销
2018年9月第1版第1次印刷
开本：889×1194　1/16　印张：8
字数：126千字　定价：68.00元
京朝工商广字第8172号

凡购本书，如有缺页、倒页、脱页，由本社图书营销中心调换

当代非凡大匠家心

中央电视台著名主持人、金嗓子　赵忠祥

老北京小吃好味道

戊戌夏月六日中国京都陈东题书

著名书法家　陈冬

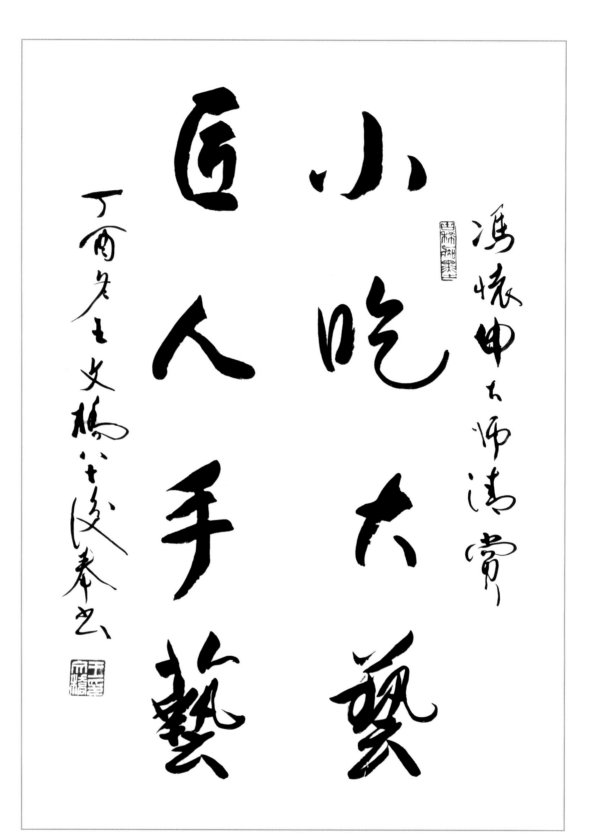

小吃大藝 匠人手藝

原中国烹饪协会副秘书长　王文桥

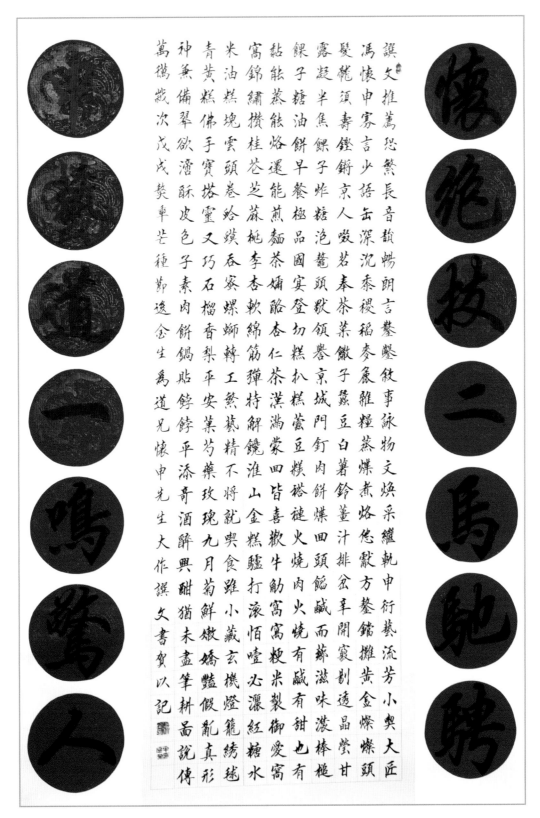

中国烹饪大师　牛金生

北京工业大学餐饮总监　滕乐亭

著名书法家　韩进水

鸣 谢

北京利民恒华农业科技有限公司董事长，皇城货郎创始人，张莉华

北京"非厨房"品牌创始人、董事长，李非

北京电视台生活栏目美食记者，赵雪莲

北京市工贸技师学院，张虎

天地之间（北京）酒店用品有限公司，刘连刚

北京海鸟天风摄影工作室，武春燕

FM99.6 中国交通广播，月吃越美工作室

序一

　　古人云：食色性也。现在人们的生活水平提高得很快，对餐饮质量和品种要求也越来越高，这就需要有人从事餐饮理论的研究，让餐饮事业的发展更快、更好地适应新时代发展的新要求。

　　无疑，冯怀申在这方面做了很好的尝试。冯怀申曾拜在60多年以前就享誉京城、技艺超群的面点大师王福玉的名下，跟随其师学艺多年，之后继续从事面点工作多年。冯怀申又善于钻研勤学，经过多年的实践，在北京小吃的技艺方面造诣颇深，现已有40多年的工作经历。其基本功扎实，可以说经验丰富、成就斐然。他曾在中央电视台、北京电视台多次做过节目。我看过他做的很多品种，工艺精湛、质量上乘。特别是我看他做过的糖饼、芸豆卷、烧饼等北京小吃不仅非常传统更有新意，也可以说是"独具匠心"。作为老北京芝麻烧饼的非遗传承人当之无愧。

　　他现已收徒多人并被评为国家级面点大师、中国烹饪大师，如今冯怀申要出书，在理论上总结多年来的经验，推出一些前沿概念，既有说服力又有实用性。为促进饮食文化的传承出力，这是新时代的新作为。为此我以一个有着70年餐饮工作经验的"老兵"身份说出我的理解，以示祝贺。

中国烹饪协会资深专家　陈连生

冯怀申先生乃吾之金兰兄弟，老北京人，自幼酷爱烹饪，20世纪70年代末从农村插队回北京分配在"白魁老号"学徒，拜烧饼王为师学艺，每天要完成4袋面的定额，要出3000个烧饼。经年累月，练就一身打烧饼的好手艺。出师后在京城四大小吃店——隆福寺小吃店工作，后得清宫御厨崔宝龙真传，成为宫廷御膳第三代传人。冯先生从业四十有二载，悉得京味小吃蒸炸煮烙之作法，宫廷点心精巧细致之精髓。

冯先生学艺先知而后行，反复观察审示，继而实践去其不足，匡己悟道之谬，正炼合中榫吻之隙，最终学成大艺。奶酪覆碗而不流，为京城一绝，尽是法国前总统希拉克、加拿大总理哈珀进京之首选吃食。芝麻烧饼虽平时生活中最常见之物，原材料简单，只水、面、盐、芝麻酱、花椒粉、小茴香，但在冯先生手下，确成为艺术之品，烙烧饼打点如中和韶乐，已成绝唱，芝麻烧饼，直径两寸一，掰开十八层，香味扑鼻，啥时都不走样，这就是匠人对艺术的规矩、坚守和讲究，是文化传承的精髓。

干工作要精益求精，不能怕麻烦，技术不容得投机取巧，做事如此，做人亦是如此。灶台就是冯先生的道场，几十年他踏实务实；摒弃浮躁、宁静致远；精致精细，执着专一。这就是我们常说的"工匠精神"。所谓"工匠精神"，就是指工匠对自己的产品精雕细琢，精益求精的精神理念。

"工匠精神"既是一种技能，更是一种精神品质。之所以能成为匠人，需要时间考验，才能达到"匠人"的境界。要耐住寂寞、经住诱惑，不达目的、绝不放弃，水平不断上层次，一步一个脚印、一年一个台阶，这一点冯先生达到了。

中国厨艺之所以经久不衰，且日琼臻精，皆因传承，欣闻冯先生携弟子将几尽失传的小吃集而成册，书名《小吃大艺》，填补了小吃专著不足之空白，书中收录糖泡、半焦果子、棋子饼、咸什饼诸类，近人不要说吃，怕听也没听过，此类吃食，如再不写出，恐怕也就快失传绝迹了。此书即可欣赏品味传统小吃之风彩，亦可作为专业培训教材，此乃烹饪界之一大幸事，使手艺真正传承下去。最后祝冯怀申《小吃大艺》大卖热卖。

白常继

从没有想到过会和一位小吃大师结下这么深厚的交情。

大约五年前，台湾饮食大家高先生到北京来办事，聚起一帮"京城吃主儿"在丰台万丰小吃城聚会。我不算"吃主儿"之内，是被高先生"带"过去的。

席间白常继大师也来了，也带来一人，进门落座，先开口介绍："我带来一位朋友，冯怀申大师，专做北京小吃的。"

冯大师也是被"带"来的！这缘分真是不一般了。

当天大家主题都是和高先生各种寒暄，冯爷话不多，我也没有得什么空儿和他交流，不过，临走的时候交换了一下微信。这就算认识了。

此后由于各种缘由，和冯大师接触越来越多，"一位有真材实料的人，是不需要自己解释的。"尽管他依旧不善言谈，但对他了解越深，就越敬佩他的人品和手艺。

冯怀申是农村插队返城那一拨知识青年。回城后直接给分配到白奎老号做面点。在当时，工人阶级当家作主，插队回城，当工人才是正路，在饭馆伺候人？不爱干！这时候分配的师傅给他一句话："小子，别小看这个行业，里边东西可深着呐！"有了这句话，再一深入干下去，果然深无止境，一下就浸淫在小吃面点行业里几十年！

刚才讲的是冯大师自己说的。我说一说我看到和经历过的。

一次我们哥几个在一起喝酒。正喝着呢，从外边进来几个人，一看气质就知道是附近刚下班的厨师。一个小伙子一看冯大师在呢，赶紧上前打招呼。原来是他的徒弟，要回老家自己创业，小哥几个准备吃告别饭。冯爷听说徒弟要回老家，当时先让他们继续。我们这边也继续喝酒。等过了一会儿，冯爷单拿了一瓶酒，转到徒弟那桌去敬酒，同时一个劲儿地叮嘱："今后有什么困难，随时说话，别客气，都没有问题啊！"

等回到我们这桌，我们就说啦："您真可以，做师父的，应该徒弟过来敬酒，哪有您过去的道理？"冯爷说："这些年轻人挺不容易的，我嘱咐他们一下，希望他们混好。谁给谁敬酒，我不在乎这个！"

冯爷这人，没架子！

我有一个小妹妹李非，聪明活泼，喜欢动手，热爱做饭！就缺个大师指点一下。我一看，说啦："我给你引荐一下冯怀申大师吧！"冯爷一接触，觉得这孩子肯学，挺好的苗子，靠谱！于是自己搭时间搭精力，无偿把自己的技术交给李非。李非也好学，从此在自己的道路上蒸蒸日上。这一下就是多少年过去了。直到去年机缘巧合，李非正式收到冯爷门下。我这个大哥荣升为"师叔"！李非知道，没有冯爷，就没有她的今天。

冯爷这人，惜才！

我曾经用了几年时间在北京寻找最好的早点。身为小吃大师的冯爷一直关注我这个事情。一次我跟他讲我吃到一个最有特色的糖油饼，冯爷一下就来了精神，几次和我提起要去看看，直到看到了糖油饼的原样，并把它复制出来。后来我们俩合作的糖油饼视频，被很多餐饮企业当作教学模版。

冯爷这人，好钻研！

我从三年前开始和冯爷合作拍摄，专门拍摄北京小吃，每次合作，从拍摄时间到拍摄地点，都是冯爷配合我们。从来没有因为是小吃大师跟我们谈条件，当然，我们俩关系不错，我和其他媒体工作者提起冯大师，从来都没有个"不"字。所有人都说：

冯爷这人，厚道！

几年前我们的缘分达到了一个新的高度。承蒙冯怀申、滕乐亭、李金刚、米玉梁四位老大哥高抬，我们一起结拜为好兄弟，冯爷行大，我是老五。这些年一路走来，冯爷从朋友到大哥，从工作到生活一直处处照顾我这个老五。实在是我的荣幸。

冯爷常讲，小吃是记录当地人生活的最佳写照。这个东西，看着小，里边可有大学问！

没别的，希望冯怀申大师在北京小吃之路上继续探索，越走越好，越走越高！在小吃事业上，为我们这个时代留下不可磨灭的一笔！

霍权

大时代，小手艺。
择一事，终一生。

我叫冯怀申，今年62岁。我从8岁起，就和面粉打交道。17岁拜师学艺，18岁开始天天做200斤面粉的烧饼。那会儿，多半个北京城的人，都吃过我打的烧饼。

现在，可着四九城，也没几个人能吃上我的烧饼。

不是爷们儿的玩意儿不好了，是学起来麻烦，没人会了。

现在什么都讲究快节奏。

买菜讲究一站式购物，都是净菜，回家热热就吃；

上网讲究算法，我今儿在网上写个"烧饼"，打开淘宝，会显示"要不要来俩烧饼"；打开百度，会蹦出来"xxx提供全自动烧饼机"；头条会问我"德云社的烧饼讲了电视上不让播的段子"；打开微博能看到"天价烧饼话题讨论"；

结婚讲究闪婚闪离，结婚证的印油渍还没干透，就要红本换绿本；

唱歌都来不及写曲子，拿起来就念，嘴快的跟租来的似的，看好几遍字幕，才知道孩子叨唠的是什么。

……

我学艺的时候，师父确实让我练速度，但是没告诉过我，过日子也要快。

生活里的快和慢，是相对的。有时候，快，让你忽略；而慢会你让发现美和珍贵。

有的时候，我开玩笑，说00后的孩子们，真幸福。没吃过我们的苦，但也没吃过什么真手艺的东西。

北京小吃，蒸、炸、煮、烙，哪一样都是手艺，外国人都吃的一惊一乍的，可搁咱们自己，都让烘焙给轰了。几千年传下来的几百样玩意儿，在现代工业的努力下，快努力绝种了。

审美，是一种能力。

珠穆朗玛峰，爬上去多辛苦，还有生命危险，爬上去图什么呢？

登顶的快感，电梯能代替了么？

手磨咖啡那么麻烦，功夫茶那么耗费时间，喝它干什么呢？

仪式感带来的享受，是一次性饮料能代替的么？

买菜做饭油烟味大，不仅费劲还会弄脏厨房，为什么家家装修都还给厨房留了一席之地？

烹饪的乐趣和感动，是外卖能替代的么？

用六个小时做的芸豆卷的口感和齿感，是任何机器都替代不了的。

当然，这些，您得见过、吃过，才知道里面的快乐美好。

我们的生活，没了这些看上去很费力的东西，会显得粗俗而无趣。

相信，这样的生活是各位不想经历的。不论您几岁，做什么工作。

所以，就有了这本书。

借当下很时尚的一句话"不忘初心，牢记使命"。

我一辈子就做了面点这一件事。不能让这点手艺在我这儿断了根。这是我的使命。

一辈子很短，也许只能做这一件事。

我想把它做好。

也希望各位看官，都能把日子过的有趣而美好。

冯怀中

目录

壹

炸货类

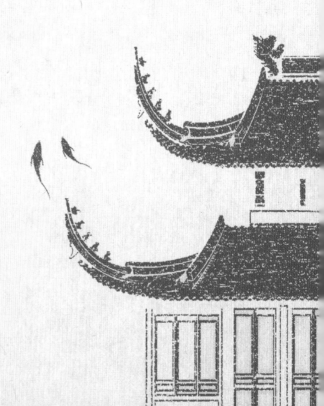

姜汁儿排叉——厨师没吃过的姜汁儿排叉

小吃虽然叫小吃，但是一点儿都不小气。有的甚至一般情况都见不着。

比如"姜汁儿排叉"。

想想我做姜汁儿排叉的年代，流行一句话叫"鸡屁股是银行，白薯干是口粮"。家家几乎都养鸡，不为了吃鸡。城里人养鸡，为了自产自销，省下买鸡蛋的钱。农村人养鸡，为了用鸡蛋换钱。农村一年分一回红，上一天工，才赚两三毛钱。一年下来，买个粮食，添个大褂，哪儿有钱买姜汁儿排叉啊！

何况有钱也不一定吃的上。因为要等。等一年两次的隆福寺小吃节。

我们隆福寺小吃店，每年有两次小吃节。每到这个时候，店里的老师傅们，要把一百多种小吃都做出来，摆满货架。其中就有姜汁儿排叉。

这是一种堪称古老的小吃，是满族贵族吃的一种茶点。我小时候没吃过。就是现在，有些厨师都没吃过。

一般的厨师，也不会做。

不是师傅们不教，是这个活儿太细，一般情况也没有做的需要。姜汁儿排叉也非常娇气，容易脱蜜。一脱蜜，这活儿就拿不出手了。所以必须是客人点完了，厨师专门给现做。和面、坐油锅，这都需要时间，您不能客人来了再腾厨师腾锅灶才开张，所以，都得是店里专门备着做姜汁儿排叉的一套软硬件儿。那可不是一般的店能有的实力。

但是小吃节的时候，必须要做。师傅们抖擞精神，使出浑身解数，把会的手艺都亮亮。姜汁儿排叉就是那个时候的爆款单品。

每次小吃节，持续半个月。那就是20世纪70年代的购物节。可比现在的"双十一""双十二"火爆多了。

我们那会儿，不分单双，天天排大队。

平时多节俭的人，到了这几天，都跟大款似的。人们把从平时省吃俭用攒下的粮票和钱，争先恐后地扔给带套袖的收款员。每天的货架一到下午，都是空的。来的早的人，就能买上姜汁儿排叉。因为这个得现点现做，后厨到点儿就封火下班，来晚了，可就得等明天请早儿。这半个月要是天天都晚，那就得多等半年，再请早儿。

| 原料 | 面粉、鲜姜、白糖、饴糖、桂花、花生油、小苏打、水、果料 |
| 特点 | 颜色淡黄，外裹一层饴糖，光亮不黏，小巧精致，晶莹剔透，酥脆甜香，带有浓郁的鲜姜味道。 |

姜汁儿排叉制作方法

那会儿，在我们眼里，买姜汁儿排叉的人，都属于不会过日子的人，往往不能理解他们。手里就那些粮票和钱，不买点能存放的、管饱的，买这个既不能存放，又吃不饱的姜汁儿排叉，实在是奢侈。

而那些愿意等着吃姜汁儿排叉的人，可能也不能理解我们。这么娇贵美妙的东西，你们竟然不天天做，简直是近水楼台低头不见月啊！

姜汁儿排叉特别漂亮。

晶莹剔透、倍儿亮。

口感也特别讲究。

甜蜜不腻、小巧干脆。

制作非常考手艺。

过去和面用矾，调蜜不用鲜姜。我学会了以后，进行了改良。去掉了矾，用鲜姜调蜜。这样做的好处是，更健康，淡化了姜的苦辣，还保留了姜的香气。

我先用鲜姜和饴糖熬汁儿，熬的时候，加一点白糖。这样熬出来的姜汁儿，格外的亮。排叉炸好了以后，在蜜里过一下，然后把熬好的姜汁儿挂在炸过的排叉上。最后撒上果脯，青梅山楂，俏色，让味道更加丰富。味道有点像蜜麻花，但是外壳里面是脆的。

脏脏包和马卡龙，都能一夜开花，恨不能家家儿都买的着。这个姜汁儿排叉，从来没有遍地开花过。

当年金贵的东西，现在依旧金贵。

半焦果子——比油饼高级的是油条

过去的早点铺子，卖油饼的多，卖油条的少。

一个油饼一两六，卖六分钱。一根油条一两六，卖八分钱。

油条比油饼贵。

因为油条高级。会炸油饼的师傅可不一定能炸油条。别看都是和面下锅炸，油条和油饼，从料理面开始，就比油饼费劲。

卖相也特别讲究。

按传统说，这油条得站着卖。油条炸完，得站着不倒。而且对尺寸大小有严格的要求。老师傅炸的油条，一根油条出锅一量，必须是六寸长，一两六重。

就这么精准。

这就是手艺。

现在不讲究了，大的大，小的小，弯的弯，倒的倒。90年代的情景喜剧《我爱我家》里，炸油条的小伙子，追求和平家的小保姆，竟然炸了一根够全家人吃的大油条。后来追求不成功，小保姆买回来的油条，又小的跟手指头一般。

这些情况，在我们的后厨，是绝不会出现的。

从学徒那天起，师傅就立下了规矩。我们就知道合格的油条什么样。做不到师傅的标准，就出不了徒。出不了徒，自己觉着丢人。

要想让油条站着，和面的时候得加矾碱盐。有人说了，听说过盐碱矾，您这儿怎么说矾碱盐呀！

这也是规矩。

老师傅们按照投料多少的顺序，由多到少来说。虽然投料要看季节和水温，但是一般情况，从多到少，是按照矾碱盐的顺序来和面。

而且，为了形状好，和面的时候，也要通过折叠来舒展面性，这样炸好的油条，才能站直了，不倒下。

油条又叫油炸鬼，也叫馃子，我们行内的人叫它拨棱憨。

为什么呢？

| 原料 | 面粉、鸡蛋、盐、小苏打、泡打粉、花生油 |

| 特点 | 枣核形长4寸半，刀口正，条均匀，两边没大头，金黄色，焦软，传统北京早点品种。 |

据说油炸鬼是油炸秦桧的谐音。我们从小听《说岳全传》，知道了大奸臣秦桧害死了大英雄岳飞的故事。有个烧饼铺子里的小师傅替岳将军鸣不平，但是又不会高来高去的功夫，真能在月黑风高的夜晚手刃秦桧给岳将军报仇。就只能弄两块面放油锅里炸，管这个叫"炸秦桧"，痛快痛快嘴儿。这么一来，秦桧自然是毫发无伤，但是这家小店倒是门庭若市，火爆至极。

这应该算是最早的热点事件性营销，病毒式传播吧！岳飞，堪称是带货之王。另一个带货之王，应该是屈原。一个粽子代言了几千年。

玩笑归玩笑，但是从传说中能看出来，油条的结构，很早就定型了。而馃子的说法，应该更靠谱些。因为在汉字里"馃"，就是瓜果形状的糕点。这油条，是不是挺像丝瓜、黄瓜？

在我们行内，为什么叫"拨棱憨"呢？

我们这个最实在，把炸好油条的秘诀，放在了名字里。

有一次，全聚德某店要增加早点的服务。但是后厨的师傅们炸的油条，总是卖相不好。就请我去技术指导一下。

炸油条，其实就俩技术关键。一个是和面，一个是油温。一般油条下锅，不起范儿，十有八九，是油温问题。

我到全聚德后厨一看，果然，这面和的挺好。

我说我试试。

我把他们做好的油条坯子放锅里，用竹筷子来回一扒拉，嘴里念念有词，说："长！长！长！"这油条，呼一下就鼓起来了。在场的人目瞪口呆。我轻轻一笑，说："这就是炸油条的秘密了——扒拉，让油条受热均匀"。

老师傅们可能讲不出什么大道理，但就是像这样一句不起眼的口诀，让老手艺有了接班人。

比油条更难做的，是半焦。

它是介于油条和焦圈之间的一种小吃。早就消失在江湖中了。

在消失以前，它可是小吃铺子里的当红角色。半焦比油条更需要手艺。

说起来不难，在油条中间切一刀，炸好之后，就成了两头尖，中间开口的橄榄形，像一个大焦圈。放在案子上，能站得住，不弯、不软。脆脆的感觉，等于焦圈的一半，所以叫半焦。

吃的时候，可以夹着大火烧，特别香脆，能点出半焦的，都是挑剔又讲究的美食家，用现在的话说，就是真正的吃货。

我能学会做半焦，也是赶上那会儿正处在看见什么都想学的年纪。当然，更重要的是，会做这些老手艺小吃的老师傅们，那会儿都还在世。要搁现在，可就不知道能不能学到了。

手艺有力量，但手艺也脆弱。一个不留神，就把老手艺给传没了。

糖泡——神奇的糖泡

别看我是职业做面点的，但是有些玩意儿我也没见过没吃过。它们悄悄的消失了，就像最后一只白犀牛。运气好的话，也许可以在老照片里浮光掠影一下，再好一些，竟然也能抓住一点影子。

我的运气一向不错。所以，我见到了隐退炸货江湖许久的"糖泡"。

糖泡现身的场合是个国际大场子——亚运会。

那是1990年的9月。

那年我34岁。

那一年，我是个电工。

那一年的一天，领导找我谈话，说："小冯，你面活儿不错，试试电工吧？"

今天说起这段，我会苦思冥想，这面点和电工之间有什么必然的联系？

虽然我也想不明白。

领导考虑问题如羚羊挂角，自然是我等难以企及的高度。

但是，当时，我可二话没说，就听从了领导的安排。

做面点的时候，我的工具就是一双手，"视力范围"就是眼下这块1平方米的案板。做电工的时候，我有许多工具，而且"视力范围"也扩张了不少。以隆福寺小吃店为中心，西到东板桥，北到海蓝江饭馆（延吉的菜馆），东四大街以北，这个区域里13个饭馆的电，都归我管。

这13家饭馆，就我一个电工。

从油炸到拉闸，我是跨界全能王。

如果当时您在这几家饭馆里吃过饭，那我就当过您的光明男神。

那一年，中国北京有件大事儿——第十一届亚运会在北京召开。这是咱们第一回请这么多客人到家里来做客。37个国家和地区的体育代表团，6578人！

这么多人，吃饭怎么办？

当然是全市动员，调最优秀的厨师来料理。

原料 面粉、鸡蛋、小苏打、泡打粉、盐、水、白糖、花生油

特点 长方形，4个糖泡鼓起，炸出金黄色，凉了泡不瘪，焦软香甜。

我又有幸被选中了。

负责送外卖。

我是外卖小哥的祖师爷，1990年，为亚运会的各国运动员送外卖。

我所在的隆福寺小吃，是个清真的饭馆，所以主要负责清真食品的制作和配送。那会儿平常打包都用草纸，但是，国家从日本进口了当时最先进的外卖车，就像20多年后的今天，大家在大街上看到的冷链车一样。现在不稀罕了，见着都躲着走。那会儿可是个稀罕玩意儿。

1990年，这个稀罕玩意儿，就归我管。

每天早上，六点，我到单位装车，把整个系统最最顶尖的师傅做的面点一盘一盘装好，码进车厢，然后开着全国唯一一辆日本高级冷链送餐车，向亚运村出发。

我这辆车从来没遇到过堵车的情况，真真的是一路畅通。

许多年以后，我无数次走过这条当年送餐的路，仿佛有魔力一般，脚步轻快，从未老去。

这辆高级的稀罕车，除了驾驶室，后面有两扇对开的门。虽然本身就带锁，但是领导还特意要求得盖章打上铅印再贴上封条。到了亚运村，车辆接受安检后和运动员餐厅的负责人交接，仪式感十足。

对我来说，这是无上神圣的使命。

领导说要有章，于是我就到首都刻字厂去，请人刻章。

领导说要有铅印，于是我就到首都刻字厂去，请人做铅印。

领导说要是有封条，我就自己解决了。

领导说要有不掉瓷儿的自助餐盘，我就满世界自助去找。

那会儿，我都忘记了我是个面点工，眼中只有这辆车，每天点数、消毒、装车、填表、封印、安检、交接。

直到有一天，我听见一位老师傅说："这个不是糖泡么，人家这个糖泡真漂亮，够棒的，你看人家这个糖泡炸的！"

"糖泡？"虽然那时我常常见到灯泡，但是我还是很敏感的去寻找这声音的主人。

那是一位头发胡子都白透了的老师傅。他惊喜的不能自己，翻来覆去地隔着保鲜膜看我送来的东西。

那是一个奇特的形状，我的确从未见过。

有点像糖油饼，但是身材比较修长，还有4个大泡。用眼睛看着，就仿佛能听到咔嚓嚓的酥脆声音。

这有什么玄妙么？

那位老师傅是又一顺来送餐的，他见到糖泡，就像老友重逢，不住地说："真没想到，现在还能看到有人做这个。"

我是个有心人。主要是好奇心。

回到单位，我赶紧就去找了当天灶上的师傅。

当天服务的是我们单位两位老师傅，在解放前，就是京城炸货行当里数一数二的高手。一位叫冯金生，一位叫王福祥。

在我们这个行当里，有句老话叫：三分面，七分炸。这活儿最后漂不漂亮，叫不叫好，都在这负责炸的师傅手里掌握着。

他们只负责炸，其他的一概不管。

我一问两位老爷子糖泡的事儿，老爷子的皱纹都舒展了开来，颇有些欣慰地说："没想到今天还有人认得出它"。

师傅说，一个标准漂亮的糖泡，必须是重一两六，长四寸，宽一寸。通俗的说，像个大鞋底子。边缘圆润但不失棱角，有点像现在笔记本电脑的边缘。每一个糖泡都有四个大小一致的大泡，出锅后，放凉了，酥脆无敌，一碰就酥酥的掉渣。过去有糖泡在的炸货铺子，就像今天有刘国梁的国家乒乓球队，稳赢。能做糖泡的炸货铺子，行内人一看，就知道有大神坐镇。

我当时因为"烙而优则电"，本身是有些傲气的。这个突然闯进我的世界的糖泡，让我的傲气更加膨胀。但是，当我炸的糖泡一出锅，这股子傲气，就像气泡一样，"波"的一声，散了。

我炸的一个糖泡，完全的失败，就是个糖油饼。

糖泡的难点，在于四个大小一致的大泡和整个出品的形状。

即便是有几年功力的炸货师傅，一个经验不足，也会露怯。泡不一样大、容易瘪、不够酥脆、爱受潮、歪七扭八，这些都是糖泡的坑。

我妥妥的掉坑里了。

从坑里爬上来的秘诀是师傅说的"面性"。

人有人性、面有面性，如果在和面的时候，不照顾面的情绪，那就等着掉坑里，挨师傅的骂吧！

在练习糖泡的那几天，吃下的失败糖泡让我长足了记性——

和面的时候，揉和叠都要朝一个方向。

只有方向一致，炸出来的东西才能尺寸、形状都一样。

看着面团软软的，任你揉捏，但是里面暗藏玄机：当你从下往上叠的时候，面的筋力在左右方向，当你不按照它的心意来，它就让你没有方向。

做好了面剂子，按照方向抻出形状，挥三刀，出四条道。把有糖的那面先下油锅。

下锅以后，因为油是热的，热气上升，往上拱。遇到刀口，自是扶摇直上，遇到有面的地方，就会把面顶起来。这个过程，油温和泡的形状全靠炸货师傅的眼睛和手里的筷子控制。等肉眼看四个大泡向下鼓起来，面片的上面自然就出现了出现了四个大坑，这时候，降火翻面定型。

说起来复杂，做起来更复杂。一个不留神，就失败。

我放下电工的钳子，拿起筷子，天天帮着这两位老师傅干活。就这样，无意中学会了做糖泡。

后来，亚运会胜利结束了，再后来奥运会也圆满闭幕了，北京修好了六环，忙忙碌碌的年轻人，手里拿着夹着生菜的鸡蛋饼赶路，白领们咖啡面包片就着手机吃早点，这糖泡就再也没在江湖上露过面。

转眼，我也到了当年看见糖泡两眼放光的老师傅的年龄，我却没有像那位老师傅一样，见到有人还能提起糖泡。

好在，糖泡的弧度和酥脆的声音，有幸还偶尔出现在我家厨房。

年轻人见到糖泡，大呼神奇的样子，让我多年不见的傲气又升腾起来。

炸回头——金不换的炸回头

这是一个清真的小吃。

炸馄饨为什么叫"炸回头"？大家都会上网，网上有一些解释。到底是不是那么回事儿呢？仁者见仁，智者见智，大家高兴就好。我想说的，是我听到的一个说法。

20 世纪 80 年代初，全国严打。有些犯了错误的人，被送到外地去劳动改造。牛街上有个小馆子，男主人改邪归正去了，家里就剩一个小媳妇支撑着。这个小媳妇天天做炸馄饨。后来男主人洗心革面，涅槃归来。俩人的小日子越来越好，这家的炸馄饨也就出了名。俗话说，浪子回头，金不换，于是夫妻俩的炸馄饨，从那时候起，就借着炸回头的名儿，享誉京城。

当然，这只是市井传说，不一定是真事儿。但是从这儿，能看出来，炸回头，曾经是个很有名的小吃。

可惜现在，卖的少啦，知道的人也越来越少。

虽说炸回头兴起于牛街，但是，过去，牛街可没有什么饭馆。今天特别著名的聚宝源，原来是羊肉床子，就是卖鲜羊肉的铺子。再往前回忆回忆，整条牛街，就两益轩一个饭馆，边上有一个澡堂子、一个茶叶铺子。远远没有现在这么繁华。

后来，渐渐的，一家一家，牛街开了一个又一个小饭馆，这个炸回头，如果常去牛街，就很容易吃到。要是有个回民的朋友，能吃到的机会，就更多了。因为清真的家庭，老妈妈改善伙食，特别喜欢做这个吃。

炸回头做起来也很容易，烫面里头放点发面肥，发面之后，包馅儿，下锅炸，因为里面有发面产生的蜂窝，所以表面特别酥。

我印象最深的，是八九十年代的炸回头馅儿。用羊肉、搅瓜、黄酱和馅儿，特别香。也可以用韭菜，但总觉得没有搅瓜，不解馋。

这个搅瓜的搅，我可没写错。它是西葫芦的一个变种。有一种特别的清香，而且很爽口。最有意思的是，这种瓜瓤，天生就长成粉丝的样子，所以，也有人叫它天然粉丝瓜。

吃的时候，转着圈地拍打它，切开以后，用筷子一搅，就得到了一缕缕的金黄色的粉丝，调馅儿，凉拌都行。它在那个年代，是炸回头的标配。

我们店里，有位回族老师傅，专门炸带馅儿的，什么炸回头、炸肉火烧、炸烫面炸糕……

他炸的时候，我就旁边看着。老师傅没有跟我说过秘诀，但是也从来没有轰过我。

看着看着，竟然，我就看会了。

我20岁的时候，老师傅就50多岁了。很快，他就要退休了，店里一时半会儿，没有合适的人来填补这个位置，我就替他炸了一段时间的馅儿活儿。

经过了那么多年，我依然记得这位老师傅的名字，他叫邓恩柱。

如果时光可以回到过去，我会跟这位老师傅说声"谢谢"。

我们这一辈人都难以主动表达情感，留下了许多遗憾。当下的时光金难换，所以，如果，你有想感谢的人，现在就说吧，因为，不论你是谁，没有岁月可回头。

原料 面粉、老酵、碱、开水、牛肉馅、葱、姜、油、黄酱、搅瓜丝

特点 呈半圆饺子形状，把两个角相对弯回到中间，角压角地捏在一起，即为"回头"，传统北京小吃，颜色金黄，外皮微焦，香醇味美。

炸肉火烧——烫面炸糕的兄弟

我们小时候，能让我们觉得幸福的事情有很多。

比如到了每年的夏天，看见胡同里推着车的大爷，而自己手里，恰恰好攥着两分钱。

这就是一件特别幸福的事情。

因为大爷会转着弯儿地吆喝"咸螺蛳"。我深藏的馋虫，也转着弯儿地往出挣蹦儿。

咸螺蛳就是炒螺狮。每到夏天，河里、湖里的水草上，都会爬着螺蛳。专门有人捞了炒好，推着车，走街串巷的叫卖。现在大排档都加辣椒炒，更是下酒的最佳搭档。我们小时候，没那么多调料，但是，对于小孩子来说，实在是难以抵御的美味诱惑。

把攥出汗的二分钱，交给大爷，可以得到一个装满了咸螺蛳的茶碗。我们满心欢喜的样子，会引得大爷会心一笑。装螺蛳的时候，也总会码的冒尖尖。可惜，装的再多，也很快就吃完了。

怎么办呢？

什么也难不倒爱吃的人。

我们自己去玉渊潭捞。

很快就能捞一大口袋，背回家去，家长炒一炒，全家人都很幸福。

省下的二分钱，慢慢攒起来，等变成了五分钱，就可以去换一个更大的幸福——烫面炸糕。

把五分钱攥到手里，撒丫子就直接就奔小铺。

烫面炸糕现在做的也少了。

我小的时候，早点铺子都卖。

纯白糖的五分钱一个，小小的个儿，一个茶盏大小。两头薄，中间鼓。

更高级的是果料馅儿的。外形没有差别，但是馅儿里有核桃仁、芝麻、瓜子仁。一分钱一分货，这种果料馅儿的，比白糖馅儿的贵三分钱呢！

我们小时候，能吃到白糖的烫面炸糕的那一刻，已经是天堂了。那会儿，偶尔也会想，要是以后能自己做该多好，想什么时候吃，就什么时候吃。

二十年以后，我站在油锅面前。师父说："今天做烫面炸糕。"

做烫面炸糕，要用开水先烫生面。

高温会让淀粉糊化，这样处理过的面团，就更加细腻柔软，略带黏性。把烫好的面晾凉以后，再兑发面。发面本身有些酸，同时再加点碱，这样酸碱一中和，揉均匀了以后，就可以下馅儿了。

用多热的水、兑多少碱、怎么下馅儿，师父即使不手把手教你，至少会让你在旁边看着，甚至会让你搭把手。

但是到了下油锅炸的时候，师父一般就会安排你去做别的。

为什么呢？

这就是猫教老虎——留一手。

师父这一手一留，给徒弟留下了万分危险。

十几年前，我见过一个徒弟，还没学到炸这一步呢，自己逞能，偷偷炸。当时锅里是炸灌肠的油，结果，一下锅，就"砰"的一声，放炮了。炸了一头一脸的热油，差点把眼睛炸瞎了。到现在脸上和身上还有深深的疤痕。

这算是轻的，还有新手做烫面炸糕，把铺子都点着了。

能顺利做好烫面炸糕，就是师傅们的看家手艺。

其实，这里边的秘密，就是油温。

那个放炮的现场，就是因为用了炸灌肠的油。因为炸灌肠油温低了，容易拉手，就是两片灌肠粘一起。所以必须用高油温炸。但是，这么高的油温，会让烫面炸糕里面的空气迅速膨胀。速度太快了，外面的皮还来不及反应，于是就放炮了。当然，淀粉没揉开，也会放炮。

做烫面炸糕，必须要现点，现炸。但是掌握各中奥妙的人却越来越少，所以，慢慢的，这个我们记忆里的小幸福，就越来越少见了。

烫面炸糕还有个兄弟，叫炸肉火烧。

把烫面炸糕里的馅儿，变成肉馅儿，就是炸肉火烧了。

我们小时候那个年代，吃个肉馅儿，不是"腐化"二字能形容的。那会儿，买支铅笔才三分钱。北京市的最低生活水平是每个月六块钱。

一个月才花六块钱。家长是不会给我们买炸肉火烧的，自己存的钱，还有很多小幸福等着我们，也不会想着去买一个炸肉火烧。

这个，就像女孩子喜欢的爱马仕包包，大家都知道它好，但是大多数人没有用过，有别的包包，日子也还是能过的。

我从小就知道有这么个东西，但是一直没有吃过。现在想想，多亏我长大成了一名面案厨师，不然，炸肉火烧的滋味，会一直是个谜。

现在，这个谜，虽然解开了，但是许多人渐渐都不知道它曾经是一代人的小幸福。

越来越多的人，得到幸福的方式，越来越少。

越来越多的人，越来越看不清，幸福的谜底。

原料	面粉、开水、碱、羊或牛肉馅、葱、姜、花椒水、黄酱、香油
特点	颜色酱黄，皮酥脆，馅肥嫩，葱味浓郁，香鲜可口。

糖油饼——吃一口满足一天的糖油饼

原料 面粉、鸡蛋、小苏打、泡打粉、盐、花生油、白糖、水

特点 糖面均匀没有白边，颜色金黄，糖面要鼓出来，味道香甜，软糖面焦脆。

糖油饼制作方法

许多印象一旦在童年的时候，印在了你的脑子里，以后就会跟你一辈子。

比如对糖油饼的迷恋。

过去，什么食材都金贵，糖、油是凭票供应。产妇在医院生完孩子，凭孩子的出生证明，才有资格买一斤红糖。所以，带糖的小吃，都要多花几分钱，吃到一次以后，总也忘不了。

比如糖油饼。

油炸的东西，本身就香，再加上糖经过油炸，脱水了以后，焦焦脆脆甜甜的模样，咬一口，咔嚓一声，真真是世间最美好诱人的声音。

小的时候，我喜欢陪母亲去买菜。买菜的路上会经过一个早点铺子。我说的经过，就是字面上的意思。就着糖油饼的香气，走过这一段路。

有的时候，母亲也会拐个弯，掏出一块手绢包，从里面拿出一张粮票和六分钱，给我买一个油饼。如果运气好的话，我就有可能吃到糖油饼。那样的话，母亲的手绢包里，就会减少八分钱和一张粮票。

那会儿，我觉得，多出来的两分钱，就是糖钱。

直到后来我在隆福寺小吃参加了工作，自己开始炸糖油饼，我明白，这两分钱买的，不只是糖，还有手艺。

一个油饼大小是规定好了的四六寸。按照面性向同一个方向几次折叠，处理好面坯之后，看准了油温，下锅。

糖油饼，就得多一道手续——做糖面。

用做油饼的水面，一比一加白糖。搓揉之后，糖就会慢慢化在面里。然后再兑上干面，点一点油。按在做好的油饼坯子上。

下锅。

一个合格的糖油饼，做好了以后，从上往下看，看不见底下的白面，一咬酥酥掉渣。

有用白糖做的糖油饼，也有用红糖做的。红糖做的糖面很像芝麻酱，炸出来的糖油饼不脆。我个人喜欢白糖做的糖油饼。

假如，这一天早上真的吃到了一个糖油饼，那么，我就觉得这一天，甚至这一星期，都是顺利的。

想起来小的时候，吃到糖油饼的机会实在是可遇而不可求，为了增加这件事情发生的可能性，我常常主动要求陪母亲去菜市场。这样，我就成了街坊邻居眼里的孝顺儿子。我的母亲很有智慧，我想她一定心里是明白的，但是嘴上并不说破。

看破而不说破，知世故而不世故，这是母亲用糖油饼留给我的幸福法宝。

馓子麻花

原料	面粉、白糖、芝麻仁、小苏打、花生油、桂花
特点	此小吃如四个椭圆形的环束在一起，颜色棕黄，间有淡黄色的斑点，质地酥脆，香甜中带有桂花味。

馓子麻花制作方法

贰

烙货类

糖酥火烧——强健了自尊心的糖酥火烧

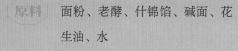

原料 面粉、老酵、什锦馅、碱面、花生油、水

特点 颜色金黄，皮酥馅甜软，层次多清晰，味道香甜。

人真正的强大，不是担心自尊心受伤，而是抛开自尊心，做好每一件小事。

我跟师父学了烙烧饼的手艺，一干就是四十多年，而且还成了"老北京烧饼非物质文化遗产传承人"。是这门手艺改变了我的命运和人生轨迹。但是，我跟师父那里得到的最珍贵的东西，却是明白了什么是真正的自尊。

我上班真正学的第一件事，不是和面，是生火。

我的同龄人，有的在学校里教书、有的在工厂里生产，而我，蹲在寒冷的地上，生火。

我的自尊心，一瞬间千疮百孔。

其实，生火的流程不难，我插队的时候，见过，也操作过。第一步掏炉灰。第二步把烧红的煤放在炉膛的最下面。第三步，上面码放生煤。

但是跟饭桌差不多大小的大方块炉子，我真没见过。用的是硬煤，不是家里常见的蜂窝煤。

当时的我明白，要搞定这个大炉子，很难。生了几次火，都灭了。鼻子下面都是黑的。我觉得很丢脸，我很想放弃。

我想回家。

恍惚间，听见师父说了一句话，直到现在，我还印象深刻："别看不起生火，什么干好了，都是一只手遮脸——独挡一面"。

后来我明白，在工作的环节中，只有小职员，没有小角色。炉子生不好，直接影响所有人这一天的工作。

炉子生的又快又好，是一件惠及所有同事的事情。这是一门技术。

我仔细观察后，总结了经验：要把大块的煤放在下面，小块的煤放在上面。最重要的是，已经烧红的煤一定要码放均匀。

这样，我做到了生火又快又干净，鼻子下面除了微笑，没有别的。

谁承想，这一来，我给大家留下了好学的印象，以后，我也比别人多了几分机会。

比如，北京开人民代表大会，需要从全城的饮食单位里，抽调人手来完成服务的任务。大家就都推荐我去。因为，给人民代表做饭，是一件非常光荣的事情，要拿出我们的最好水平，最讲究的手艺。所以，单位专门派我学习了一品烧饼的制作方法。这道小吃，平时我们不怎么做，更不怎么卖。

这个一品烧饼，有个"减配版"，叫糖酥火烧。

糖酥火烧和一品烧饼有个最大的区别——一个是烙，一个得炸。

糖酥火烧是烙的，一品烧饼是炸的。

它们俩有个共同的难点，就是开酥。

开酥一般学白案的厨师都会，就是用油和面，让面变成油酥面，然后经过擀、卷，让面团分层。

说起来容易，但是对我的要求是，要让烧饼外表完好无损，一咬开，哗啦哗啦掉酥。而且每一层酥，要清清楚楚，明明白白。最重要的是，这是清真小吃，要用素油。

这些在当时的行内人看起来，就是不可能完成的任务。

但是，我做到了。

用花生油开酥，会有味儿，我就大胆使用了色拉油。

开酥的小吃，时常会出现粘牙的不好体验，我拿出当年琢磨生火的劲头，发现了一个秘密。和面的油，如果温度合适，把热油浇进生面粉，油就能把生面粉烫熟了，这样开酥的面就利口，不粘牙。

开酥的层次越多，点心的齿感和口感就越地道。因为热气在每一层里循环，层越多，受热越均匀，每一层越薄，越不容易窝油夹生，水分越少，越酥。

掌握了这个要点，甭管是烙还是炸，不论是白糖馅儿，还是加果脯、坚果。对于我的服务对象来说，都是难得一见的顶级享受。

我在圈儿内，开始有了名气，得到了前辈的认可、同辈的尊重。曾经在1975年那个寒冷的早晨，蹲在地上暗自神伤的自尊心，砰砰、砰砰的跳跃起来。

芝麻酱烧饼——安身立命的芝麻酱烧饼

原料 面粉、麻酱、白芝麻仁、花椒盐、酱油、碱面、花生油、水

特点 颜色金黄，一面带有芝麻仁，皮焦脆，内柔软，香味浓厚，切开后横断面层次清晰，薄厚均匀，适用于夹肉食、焦圈食吃。

芝麻酱烧饼制作方法

我是一个普通人。生长在一个普通的家庭里。父母都是普通的工人。知识青年下乡插队那年，我做了一个普通的知青。

那是 1973 年。

那一年是我的花季。

我当知青那些年，没有遇到让我心动的女孩，却也没有留下什么遗憾。我的花季留给我一副健壮的身板、使不完的力气、还有好饭量。最重要的是，农村的生活，需要事事亲力亲为，于是，发掘了我的天赋。

民以食为天，老天赋予了我关于吃的超能力。

蒸窝头、包饺子、炖鸡、手擀面，槐树花、紫藤花，各式各样的野菜，我都能料理的妥妥帖帖，让大家吃个肚儿歪。这让我非常有感足感，甚至，忘记了思考未来。

然而生活就是这样，总是在你安于现状以后，突然发生变化。

1974 年，大批知情开始返城。我同样也回到了父母的身边。这次的一家团聚，让我开始思考，到底是回到学校继续学习数理化，还是去父亲的工厂接班，成为一名光荣的工人。

可惜，未来从来都是一幅火急火燎的样子，我还没有看清它的模样，未来就化作一枚大红的印章，清晰地扣在了我的名字上。

我被分配到了东城饮食公司，简称东饮。

我以为是做冻冰棍的公司呢！

经过了这么多年，我依然清晰的记得，1974 年冬天的那个下午，有个戴着眼镜的大叔，核对了我的名字之后，递给我一张盖着大红章的纸条，跟我说："你分到东饮了，以后好好干。"

我的眼睛没有离开他上衣右边兜里插着的钢笔。在这个决定命运的时刻，我竟然莫名在猜，这支钢笔里，到底装的是黑色的墨水，还是蓝色的墨水。

听到了"东饮"二字，我心里有些高兴，因为我觉得以后买冰棍，应该会很容易。毕竟要去冷冻饮料厂工作了。冬天，如果给我的妈妈买一根冰棍，她会不会一边笑我傻，一边心里甜滋滋呢？

从广阔天地里回来的我，并不知道"东饮"就是东城饮食公司，是许多饭店的管理单位。

我的实际工作地点是"隆福寺小吃店"。一干就是四十年。

那个时候我并不喜欢这个工作。我有理想，我的理想是要成为我父母亲那样的工人。

厨师就是大师傅，虽然戴的帽子高，但其实说出去自我感觉低人一等。同学们互相询问去向的时候，我都介绍自己分配到了进出口公司。同学们艳羡的眼神，更让我担心会被看不起。

对此，我的解释是："做饭，不就是进出口那点事儿么"。

1975 年 1 月 1 号，是我上班的第一天。

我上班的第一天，蹬着梯子摞了一天的蒸屉。

屉是比小孩澡盆还大的老木头圈的大屉。蒸的是年糕。

要过年了，年糕销量巨大，站在梯子上，我忽然脑补了一个画面，要不是有房顶盖着，这蒸屉是不是可以一直摞到天上去？

这一天，我虽然坚持下来了，但是烦的够呛。

第二天来上班的时候，我两个胳膊酸酸痛痛的，心里也无比的酸痛。

难道这就是我的未来？

第二天，我认识了一个人，他叫王福玉，是单位指定给我的师父。他是圈儿里的名人，做烧饼最厉害。

一袋面五十斤，需要二十六斤水。和好面，要切做烧饼的面。我师父一刀下去，放在称上，称的杆就在正中间，不多不少正好二斤，可以做十个烧饼。当年江湖人称"一刀准"。

我也拿刀切面。

一刀两刀三四刀，五刀六刀七八刀。

九刀十刀十一刀，二十几刀切不好。

师父以为我是故意的，找我谈话。用现在的话说，谈话内容简单粗暴："你觉得当厨师见人矮三分，不好好干，但是谁有你吃的好？学好了，以后你那些工人同学朋友，都得找你买烧饼。"

我一听，好像是这么个理儿。既然干了这一行，干，就完了。

从1975年1月的那天起，我就开始跟师父学烙烧饼。

事实证明，世上无难事，只怕有心人。很快，我对面也有了手感，一刀下去，正好就是二斤。

可能因为这只是我复制了师父的一个技能，所以，师父并没有夸奖我。那会儿，工作很忙，每个人每天要烙多少斤烧饼都是有定额的，干不完不能下班。所以，我们从上班到下班，都在不停的做烧饼。

大家各自干着各自的活儿。我发现，师父时不时的会悄悄瞥我。虽然我和师父从来没有对上过眼神，但是，我知道，我不是一个人在奋斗。

没到半年，我就得了一个外号—快手冯。

因为我每天都能第一个完成任务，甚至超额完成。

我一个人一天可以做两千个烧饼。

我开始喜欢这份工作。

喜欢手和面的感觉。

喜欢面粉在我手里发生变化。

喜欢摔山子的时候，面在空中的颤动、落下的声音。

武侠小说里，至高的剑术讲究人剑合一。武林高手咱们没见过，但是我摔山子的那一刻，我知道，我和面是相通的。延展、折叠、张力、温度、力量、引力……一切都恰到好处。

每天，从第一个烧饼，到第两千个烧饼，我都灌注了同样的力量。我不嫌累，也不嫌麻烦。摔好了山子，做出来的烧饼至少就有十八层，每一层都有芝麻酱，每一层都有热气。每一个烧饼，都鼓着肚子。因为那是一个独立的小世界，里面有看不见的循环。

我做的烧饼，切开是一本书，一层一层的。说不出的喧软香甜。

快出徒的时候，"快手冯"的名号，已经在公司广为流传，大家都看不清我是怎么把烧饼攒出来的。别人介绍师父的时候，也多了一条："这位，是快手冯的师父。"

师父说："小子，成了。"

我知道，这就是我出师下山的时刻。

我的未来，已经来了。

咸螺丝转——考验面点师的咸螺丝转

螺丝转一直都卖的贵，我小时候，买一个螺丝转赶上一个咸肉包子了。

那会儿不懂，觉得你又没馅儿，凭什么卖包子价。

后来自己干了这一行，就知道了一个道理，你在饭店消费，花钱买的不是食材，是手艺。

我学徒的时候，专门跟老师傅学过螺丝转。每一个螺丝转一两面，也像做烧饼似的，捭成小山子，抹上芝麻酱，卷起来，然后从中间一破两半，再把两半合在一起。这样层儿就特别多。然后在手指头上转。转出形状，最后一烤就鼓起来，像螺丝的样子。

这个的难点是发面。面肥兑大了，出来的条是瘪的。碱大了，烤出来，螺丝条一根一根就都断了。

做失败那是经常的。

而且，不能偷懒，每一个螺丝转的小山子都要捭。

您说不捭能吃么？

能。

但就不是那个玩意儿了。

原料	面粉、老酵、芝麻酱、花椒盐、香油、碱面、水
特点	外皮酥脆，内质松软，味咸香，有均匀而清晰的旋纹，形如螺蛳。

原料　面粉、发面、芝麻酱、红糖、油、碱、水

特点　香甜味厚，绵软不黏，有层次利口，有沙性。

糖火烧制作方法

糖火烧——不怕偷吃的糖火烧

生活中，有许多东西，我们一直在照做，但是却并不知道为什么。

费孝通先生的《乡土中国》里，说了一个小故事，我印象特别深刻。

他说抗战时在昆明乡下，初生的孩子，整天啼哭不定，又找不到医生，只有请教房东老太太。房东老太太一听哭声就知道怎么解决，不慌不忙的让用咸菜和蓝青布去擦孩子的嘴腔。一两天果然就好了。

这里有什么科学道理呢？

房东老太太不知道，估计也没有去研究过。她的绝招，来自祖辈相传的经验。

我们厨师这一行也一样。有许多很有道理很神奇的经验，然而却没有人知道为什么。

比如从来没有人偷吃过糖火烧。

糖火烧是种很有历史的甜点心，明末清初就有人做，最早是在北京通州的一个清真店里出的名儿，然后从东往西，进城了以后，名声鹊起，成了北京小吃里的著名角色。

它绵软、利口，还有沙性，男女老幼都非常喜欢吃。

唯独点心铺里的伙计们，不爱吃。

因为，每一个新来学徒的伙计，都吃过师傅送的"刚出炉的热糖火烧"。

师傅们会强调"趁热吃"，"别客气，吃到撑"。

徒弟们很感动。那年头，家要有口饱饭吃，谁愿意把孩子送到铺子里当学徒呢。一看师傅这么大方，自然感叹"遇到好人了"。

吃不了几口，小伙子们就吃不下去了。觉得腻的慌，还噎的慌。

可那是师傅给的啊，谁敢不光盘啊？于是玩命吃。然后，就和这些个点心绝缘了。

这样，师傅们就再也不用担心伙计学徒们近水楼台，多吃多占了。

您说，这是为什么？没人说的明白。但是，百试不爽。

糖火烧什么时候最好吃？

烙出来，晾凉了，放在一个罐子里，闷一夜，再拿出来。这个时候，糖火烧的齿感、口感、味道，才到达巅峰状态。

民间的经验，就是这么神奇，一代一代，口口相传。到了我这一辈儿，我很想能用科学揭开每一个经验的秘密。让它们能更明白的流传下去，传播开来。这样才更有生命力。

原料 面粉、老酵、芝麻酱、红糖、油、碱面、水

特点 外皮酥脆，棕黄色，丝不乱，香甜味厚。

盘头卷——跟女人有关的盘头卷

我觉得教育不一定非要在课堂里，它可以随时随地发生，而且随时能看出来。

记不得在哪里看过一个综艺节目，特别热闹。大家在做一个游戏，一个人比划，一个人猜。猜的是人名。

比划那个人说："他有个妹妹，脸特别长。"

猜的那个人没反应。

比划那个人说："他写过'但愿人长久，千里共婵娟'。"

猜的那个人没反应。

比划那个人说："他还写过'大江东去，浪淘尽，千古风流人物'。"

猜的那个人没反应。

眼看时间就到了，比划的那个人大喊："肘子！肘子！"

猜的那个人激动了："苏东坡！"

主持人说："答对了！"

瞧瞧，这就是他在餐桌上受到的教育，接受的信息，记的多瓷实。

有个已经基本失传的北京小吃，叫"盘头卷"，如果大家吃过、见过，就会知道两样咱们中国独有的手艺，它们非常美。一个是过去女人穿的衣服上的盘扣；一个是过去女人头上梳的盘头花。

它们长得非常像，这个盘头卷，就是根据这两样东西做的，味道跟螺丝转差不多，是个挺有历史的小吃，很有中国传统风骨。

我想，再过不了多久，更年轻的孩子们，就不知道盘扣和盘头花什么样了吧？如果孩子们小的时候，吃过盘头卷，至少能给他们留下个影子。

原料 面粉、发面、碱、花生油、白
芝麻仁、花椒盐、水

特点 酥脆可口、香咸不腻，横断面
呈上圆下方。

这世界上有许多东西，存在的意义在于有趣儿、有意思，比如咸酥卷烧饼。

要说这个小吃，不看外形，闭着眼睛吃的话，和酥皮儿火烧一模一样，可以说就是一个咸味儿的有芝麻的椒盐味儿火烧。

那为什么还要单做一个咸酥卷烧饼呢?

就是为了多一个品种，为了有趣儿。

这是厨师的专有游戏。

为了有趣，厨师们不怕麻烦。和面、开酥、把面卷成圆的，切开。得到上圆下方的横截面，有点像现在的切片面包。

咸酥卷烧饼酥软之极、层次分明，多了一个一边吃一边数层的乐趣。两边有芝麻，吃完了，还要把掉在桌子上的芝麻，用手指头按起来，吃掉。

这个芝麻大的乐趣，是背着个酒杯底儿扣的圆戳的酥皮儿火烧，比不了的。

为了有趣而做的事情，有意义。

豆馅烧饼——俗称：蛤蟆吐蜜

原料 面粉、小苏打、芝麻仁、豆沙馅

特点 颜色黄白，周围有一圈金黄色的芝麻仁，并在一侧露出褐红色的豆沙馅，松沙甜香。

叁

蒸货类

原料　面粉、白糖、豌豆、桂花、老酵、碱

特点　长圆形、馅均，碱匀，有清香味，豌豆香味，香甜，暄软。

豌豆包——别拿豆包不当干粮，别拿豌豆包不当豆包

话说有句俗语家喻户晓"别拿豆包不当干粮"。大家都知道这是说不能小看小不点儿的东西，没准就能解决大问题的意思。那么，豆包到底算不算干粮呢？

当然算了。

在还使用粮票的年代，花六两粮票能买一斤豆包。能看出来，一斤豆包，起码有六两面。

这可是实打实的纯粮食。

为什么是六两粮票能换一斤豆包呢？因为得刨去水。

您看，过去多讲究。现在您在超市买大饼，一刀下去切一牙儿，算您四两。其实这里边，可没有四两面。它是连水加一块，四两。我们都开玩笑说，这赚的可是龙王爷的钱。

不赚龙王爷的钱的那会儿，卖豆包的铺子，红红黄黄，很是可爱。豆包上点红点的，就是红小豆；豆包上点黄点的，就是豌豆包。

做起来很容易，在家也能做。清水泡好花豌豆，糗豆馅儿，然后用红糖、白糖、糖桂花和橄榄油拌匀。豌豆馅儿就做好了，包在发面里，上屉蒸几分钟就得。

豌豆包有种特殊的香气，是北京特有的一种小吃。可惜现在饭店里基本没人做了。

原料　面粉、老酵、碱、芝麻仁、香油、盐

特点　外表模花清晰，色白暄软，馅料甘香。

蒸咸什饼——一眼就能看出手艺高低的蒸咸什饼

蒸咸什饼可是有好多年没做了。

它和棋饼很像，不过棋饼是咸甜味儿的，蒸咸什饼是纯粹的咸味儿。

为了区别，我们就在外形上下了功夫。

给蒸咸什饼刻花。

蒸咸什饼所有的步骤和棋饼一模一样，用油炒面加料做馅儿，包在发好的面里。重点是，怎么在发面上刻花。

不是用刀子刻，是把做好的咸什饼坯子搁到做月饼的模子里，压出花纹来。

是不是看着很简单？

您要觉得简单，您可就掉坑里了。

这个发面的东西，放在月饼模子里，蒸完了还能看出花纹，这就是"一眼活"。

一眼，就能看出这个厨师的水平高低。

大部分没经验的，蒸出来可好玩了，四叶草变风扇的、蒸成大馒头的，什么样儿的都有。

其实窍门很简单，就是和面的时候，少放水。

但是这个，是我自己观察琢磨出来的，没有人专门教你。

所以，蒸咸什饼是试金石，行家一出手，高下立现。

原料 面粉、老酵、碱、油、花椒盐

特点 颜色洁白，层多不乱、均匀，咸香暄软。

我们这一行，叫白案。顾名思义，就是案板上弄白面的。

白案厨师根据烹饪手段的不同，又分炸、蒸、烙三个工种。虽然拿的钱一样多，但是暗里的地位不一样。当然这是老的说法。

下围棋有个口诀，叫"金角银边草肚皮"。我们白案的三个工种也有个口诀，叫"金炸银蒸草包烙烧饼"。

一看就知道炸是最有地位的，烙烧饼的最没地位。

我一参加工作，就被分配去学习烙烧饼。

甭管心里有多不愿意，该干的活儿，也得干。

虽然该干的活儿，都干了，但是，心里难免一直想去干金炸的活儿，实在不成，银蒸也好。

那会儿隆福寺小吃各个岗位，一个萝卜一个坑儿，人就真跟种坑儿里一样，每天的活儿，都扎扎实实的。

但是我愿意多学手艺。完成我自己的工作之后，我每个岗位都去看看，虽然没有机会上手，但是我真看了不少。

1976年，我刚参加工作的第二年，赶上了唐山大地震。北京的房子也跟着摇晃。虽然没有什么大动静，但是大家也不在家住了，都出来躲地震，自然也就不做饭了。

东单体育场是个安置点。那么多人，吃饭怎么解决呢？我们单位就做咸蒸饼送货上门。这应该是最早的外卖，我们就是最早的外卖小哥。

咸蒸饼又叫千层饼，是个非常传统的主食。暄软、层多，好看，本身是咸的，不用就菜，也能吃饱吃好。凉的热的都能吃，非常便利。

因为需要的量大，所以我也直接进入了银蒸的队伍，每天蒸咸饼。

我觉得我的理想实现了。虽然它来的动静太大了些……

所以说，理想总还是要有的，而且要时刻准备着，万一实现了呢？

原料 面粉、老酵、碱、白糖、桃仁、瓜子仁、芝麻仁、各种果料

特点 形似灯笼，花边均匀，不露馅，暄软香甜。

灯笼糖包——网络上查不到的灯笼糖包

网络是个好东西，想找点儿什么好吃的好玩的，一查就有。我觉得它最聪明，记性最好。

但是，有个叫灯笼糖包的老北京小吃，上面没有。

灯笼糖包的馅儿有点像艾窝窝，果仁儿、桂花、核桃仁儿、糖、芝麻、瓜子仁儿、果脯，过去觉得最好的东西，都包在里面。

外面的皮是发面的，包上馅儿以后圆圆的，为了和普通的糖包区别开来，用花夹子给夹一圈儿花边，蒸出来跟灯笼似的，老人孩子都特别喜欢。

您要说它有什么重大意义，我可说不上来。但是过去几十年，大家都喜欢，现在连顶顶聪明的网络都把它忘了，我怕真没人做了，以后有人想看没地儿看去，就替大家记着点。

原料 面粉、老酵、碱、盐、糖、香油、
      芝麻仁。

特点 形为棋子，外皮色白，暄腾软和，馅
      料咸甜伴有芝麻香，余味绵绵。

蒸棋饼——咸淡宜人的蒸棋饼

在过去的几百年里，用面做的点心，不是甜豆沙馅儿，就是甜肉馅儿，豆包、糖包、糖三角……咸的就是花卷和肉包子。厨师一直这么做，食客一直这么吃。后来，有人就想象了，能不能有点变化呢？

一有想象力，变化就来了。

不知道哪一天，有人做了甜里带咸，咸里伴甜的白色小饼，圆圆扁扁，像颗棋子。这就是当年的人气小吃——蒸棋饼，也叫咸瓢蒸饼。

做法有些繁琐，但是我不怕。

先发面，然后包馅儿。

做棋饼的馅儿，要先炒面。

面粉加油炒香了以后，加香油、放糖、放盐、放炒熟后擀碎的芝麻。拌均匀了，包成小圆饼，压扁，上屉蒸。几分钟以后，就得到了一屉洁白可爱的小棋子。咬一口，咸甜香软，余味绵绵。

不让食客多花钱，在有限的条件中，制造变化，这是厨师的想象力带来的乐趣。

原料 | 面粉、白糖、鸡蛋、桂花

特点 | 颜色鲜黄，质地暄软疏松，味甜润而香，富于营养。

黄糕制作方法

黄糕——流落民间的宫廷小吃蒸黄糕

蒸黄糕，过去在宫廷里，叫苜蓿糕。皇上、太后都吃过。

我看过一份1909年的腊月膳单，上面记载的那一年除夕前几天的添安早膳，添安晚膳里，都有苜蓿糕。

1982年，我跟北京仿膳饭庄第三代御膳技艺传承人崔宝龙老师学习制作宫廷小吃的时候，知道苜蓿糕还有个民间的名字，叫蒸黄糕。

讲究的馆子里，这算精致的点心了。

后来卖蒸黄糕的馆子越来越少，到了2018年，基本上，我就见不到了。

不过现在有个低配版，叫马拉糕。

这么一说您就知道，蒸黄糕大概什么样了吧。

它们两个很像，但是区别一眼就能看出来。

蒸黄糕的黄色非常正，而且蜂窝非常小，特别均匀。假如您切开一块蒸黄糕，就会看到，很像切开了一块黄色的海绵。

马拉糕就没有这么讲究。

我觉得马拉糕也好吃，但是咱们是干这一行的，学艺要精，得知道这个东西做到极致是什么样儿。而且，得知道，怎么才能做到极致。

得知道，这样的极致，它在世间曾经存在过。

小吃虽小，但是手艺不分大小。小吃的手艺在我们这一辈儿，就算不能发扬光大，但至少也不能绝了根儿。

所以，我马上就要告诉大家，把鸡蛋和面做成一块细腻爽口的金黄色海绵一样的蒸黄糕的秘密。

用蒸过的熟面过箩后，兑在打好的鸡蛋液里。

重点就是"蒸过的面粉"。

因为世界上没有两片一模一样的树叶，所以，不是同一品牌的面粉，面粉的含水量以及其他成分的含量都略有差异。我们使用这样的面粉的时候，就好像参加跑步比赛的运动员，没有站在同一条起跑线前。自然我们会看到非常不同的结果。比如大小不一的蜂窝。

而面粉经过了蒸和过箩处理以后，就得到了相对统一的改变。非常直观的，我们可以看到蒸出来的黄糕，蜂窝非常均匀。

并且，面粉蒸过之后再使用，等于把面粉里的淀粉糊化过，它们失去了黏性，结构变得松弛。说白了，就是让面粉不再倔强，变得温柔可人。于是，蒸出来的黄糕，爽口不粘黏，特别容易消化吸收。

厨师多做一小步，食客体验提升一大步。

现在什么都讲究高速快捷，但是，该慢的，还是得慢下来。

原料 面粉、老酵、碱、水、油

特点 形似荷叶，外皮洁白暄软，适用于夹肉食用。

荷叶夹是一种很常见的荷叶状的发面饼。它有一定的厚度，暄软可口，常常搭配菜品一起上桌，常见的有樟茶鸭、扣肉、炒土豆丝等等。充分彰显了一页饼夹一切的真谛。

这种小饼很容易就做的很好。刚刚入行的面点新厨师很可能更愿意去学习有一定技术难度的点心。我也经历过这个时期。总想做大菜。

后来我琢磨，这可能是特别需要客人认可的一种表现。

这是一种追求幸福的本能。

就像汪曾祺笔下卖水果的叶三，看到画家季陶民画了一副紫藤，脱口赞好。季陶民自然要问"好在哪里"？叶三说："紫藤里有风"。季陶民很是奇怪："你怎么知道？"叶三说："花是乱的。"

人生得知己，懂你。那一刻，我想季陶民和叶三是幸福的。

做厨师也一样。而且厨师和画家有非常相似的地方。画家就是用那几种颜色来创作，我们厨师也就是用那几样食材来创作。

不同的是，画家的画会写上名字，而我们厨师的作品是没有名字的。一般没有人知道这道菜是谁的作品。

而我，做到了。

因为我不一样。

我做的荷叶夹，是贝壳状的，有白贝壳，还有彩虹贝壳。非常有特色，小孩老人都喜欢。

其实没有什么技术含量，但是很有识别度。一看就知道是我做的。

这，是我的荷叶夹。

贝壳夹

原料 面粉、老酵、碱、水、油

特点 形似贝壳，洁白暄软，适用于夹肉、鸭食用。

彩虹贝壳夹

| 原料 | 面粉、老酵、碱、水、油、果蔬汁 |

| 特点 | 形似彩虹贝壳，红白相间，适用于夹肉、鸭食用。 |

作为一个职业的中式面点厨师，我做了几十年中式面点小吃，感觉越做越有意思，越做越觉得我像个脑力工作者。

我特别喜欢逛菜市场，因为那里有许多新鲜的菜，还有新鲜的事儿。记得年轻的时候，去菜市场买鸡蛋。看见每个卖鸡蛋的摊儿上，都有一个灯泡。我记得特别清楚，灯泡是25瓦的。不是照亮用的，是照鸡蛋用的。

买鸡蛋的时候，把灯拉亮，照照鸡蛋，看看鸡蛋里面坏没坏。用灯一照，空的地方很小，整体透亮，没有黑点，呈橘红色的，就是好蛋。浑浊不透光的，就是坏蛋。

买鸡蛋的人不可能在同一时间到达，所以，菜市场卖鸡蛋的摊儿，总是明明灭灭，一闪一闪，很是有些梦幻。

不知道第一个点亮鸡蛋摊儿的人是谁，我想感谢他。

他让我知道，同样做一件事，你也可以做的不一样。

比如做花卷。

花卷，是太普通的面食了，在咱们中国，得有个千八百年的历史。芝麻酱花卷、椒盐花卷、糖花卷、麻辣花卷，口味上的变化，也就是这几样，我就琢磨，能不能在外形上想想办法。

我用蔬菜或者水果调汁儿，用这些带颜色的汁儿和面，然后做花卷。

春天，北京景山公园的牡丹花都开了，鲜艳而富贵，我就做红色粉色的牡丹花卷；夏天，北京妙峰山的玫瑰花开了，我就做黄花绿蒂的黄玫瑰花卷；秋天，北京各大公园的菊花开了，我就做菊花花卷；冬天，花儿都谢了，我的花卷还依旧美丽而香甜。

我不是花匠，但是我可以用我的专业技术，让食客的餐桌上，四季花开。

都做花卷，我可以做点不一样的。这就是手艺的力量。

菊花花卷

| 原料 | 面粉、酵母、果汁、瓜汁 |
| 特点 | 形似菊花、色泽鲜艳、主食 |

牡丹花卷

原料 面粉、酵母、果汁

特点 形似牡丹花、色泽鲜明、主食类。

玫瑰花卷

| 原料 | 面粉、酵母、南瓜汁 |
| 特点 | 形似玫瑰花，主食类。 |

肆

年货类

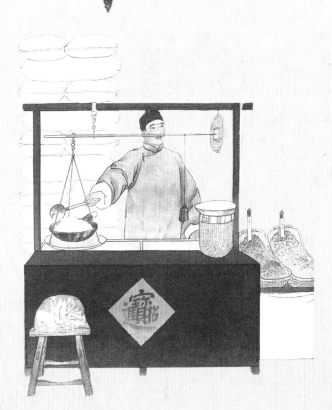

原料 糯米、红豆馅、果料

特点 此糕红白相间，黏润光滑，清凉
甜爽，宜于夏季吃食。

豆馅儿切糕——全靠手上功夫的豆馅儿切糕

豆馅儿切糕是老北京传统小吃。

老北京小吃有个共同的特点，就是看着非常简单，但是做起来都不容易。

豆馅儿切糕原来是真正的街边小吃，有推车挑挑儿吆喝的，吆喝声儿还挺好听。有坐店卖的。如果有人要买，就用刀各自指点界限，切着卖。所以叫切糕。

他们用的刀，叫茶刀，切的时候，蘸一点清水，才能切的利利索索。

别小看那些走街串巷的小贩，他们是真有手艺的人。

后来成立饮食公司，有些人就在单位做切糕。我做的豆馅儿切糕，是纯粹的传统方法。

用整米揉。

全靠手上的功夫，把一粒一粒分散的糯米，揉成一个整体。就像武侠小说讲的，要把真气灌输在米里。

当然，我没有大小周天玄妙莫测的真气。我只有真力。

做豆馅儿切糕非常累，做烧饼摔山子是巧劲儿，揉切糕，不光要巧，还要找到一种感觉，让米和自己的手相连，就像篮球运动员手里的篮球，跟长在手里一样。

揉着揉着，就到了一种状态，看似有米，又看似没米。米都粘连在一起，成了一整块，然后一层米放一层豆馅儿。上面再放小枣、果料。

切的时候，都认真着呢！每一毫米，都灌注着厨师的功力，糊弄不了。

原料 糯米粉、白糖、糖桂花、金糕、青梅、熟芝麻仁

特点 色白滑润，晶莹透亮，黏软耐嚼，清凉甘美，是
夏季应时小吃。

水晶糕——上过清代美食攻略手册的水晶糕

绍兴风味制来高，江米桃仁软滑膏。

甘淡养脾疗胃弱，进场宜买水晶糕。

这是清代道光年间，一位叫杨静亭的通州人写的一首诗，收录在《都门纪略》里。这本书记载了杨静亭生活的年代，京城里吃喝玩乐大搜索的结果，堪称外地人进京的生活攻略。

说起这位杨大人，可是有点意思。才华肯定是有的，因此派到陕西榆林去做官。但是因为长期水土不服，所以就东归回京。竟然就一直没找到合适的工作。于是终日游荡在京城的大街小巷之间，掌握了美食、娱乐、名胜等等各种信息。那会儿没有自媒体，不然，这位杨大人，肯定是个超级达人、超级大V、流量小生、超级带货王。

估计是他知道的信息实在是太多了，肚子里装不下了，1845年，杨大人把自己的所见所闻，编了一本书，叫《都门纪略》。

这一年，发现X光的德国物理学家伦琴出生。

让杨大人夸赞不已的水晶糕，不用X光，也能半透明，这是中国面点的传统手艺活。

传统的水晶糕用的是糯米粉。先把糯米粉蒸一下，然后往里揉白糖。等糖完全融合在糯米粉里，再把它晾凉。等凉透了，就会发现原来的白色小圆子，变成了半透明的样子。晶莹剔透，清爽可人。

其中的道理，我琢磨还是淀粉发生了糊化之后，在一定条件下，就变成了半透明状胶体。要是我解释的不正确，诚意欢迎指正。

这个糕本身是甜的，上面再撒上果粒儿、糖桂花、熟芝麻，就成了夏季应时既养眼又解馋的小吃。

现在饭馆也没什么人做了，我怕以后忘记了，所以把它收录在书里。

原料 山药、白糖、金糕泥、豆沙馅

特点 山药有滋阴补肾、保精健身的功效，此品质地细腻，清爽适口，酸甜适中，清代就成大宅门餐桌上的名点。

山药卷儿——宫廷小吃手艺打底的山药卷儿

现在有许多新的流行网络词儿，我看了也觉得有点意思，但是我还是喜欢听老话儿。因为我觉得老话儿不仅有意思，还有道理。

比如技不压身。

咱们北京的传统小吃里，有一个叫山药卷儿的品种，和芸豆卷很像，很多人不爱做。因为山药处理完了，卷成形很难，而且口感不是特别好。

但是，这对我来说，根本就不是问题。因为我学过制作芸豆卷。

所以，即使我没有学过怎么做山药卷儿，也难不倒我。

把山药蒸熟了，过箩。过箩这个工序，千万不能省略。它会为你解决口感和成形的两大问题。

传统的解决山药卷儿不易成形的问题，是往里加土豆泥，来解决成形难的问题。但是我觉得我们可以做的更好，更纯粹。

于是我把做芸豆卷的技术，用在了山药卷儿上。那就是要拔掉山药面的水汽。

我把过好箩的山药面放在一块蘸过水的白布里，裹住，反复揉搓，细腻的山药面就能黏合在一起，再做卷，就没有问题了。

山药卷儿是鸳鸯馅儿，一边是红豆沙馅儿，一边是山楂馅儿。

山药卷儿在我的手里，真正成为了纯粹的山药卷儿。我用我学习的技术，做了一点点事情，让好吃的东西，更好吃。

我是这么学的，我就要坚持这么做，不管十年还是四十年。我掌握了那么多老手艺，我有义务让大家看得见，吃得着。

有手艺，有底气，这就是我。

原料 黄米粉、豆沙馅、熟黄豆粉、白糖、芝麻仁、冰糖渣、青梅、糖桂花

特点 俗称"驴打滚",外面裹着一层棕黄色的豆面,干香扑鼻,断面可以看到黄色的米面环绕着褐色的豆馅,吃起来柔软有劲,甜中带有芝麻香味,回味无穷。

驴打滚制作方法

豆面糕——老牌小吃驴打滚

最近我看年轻人里流行对战群。就是关于某一个问题，两派分别想让对方认可。比如煎饼果子里到底放不放香菜，锅包肉到底放不放番茄酱。大家争论的焦点，是哪个才算正宗。

我不玩对战，但是我也有类似的问题。像俗称驴打滚的老牌小吃豆面糕，到底撒不撒冰糖渣儿、果料、白糖和熟芝麻呢？

撒吧，现在大家都图个简单便捷。不撒吧，和我学的又不一样。

豆面糕，是从承德传过来的。因为那儿产的黄米品质好。做法倒是不难，现在更简单了，和好了黄米面粉，里边卷上红豆沙，就齐活。

但是过去的馅儿可不这样。

最原始的豆面糕，和好了黄米面，在里边刷一层化好的红糖汁儿，然后卷起来。

后来，食客的口味高了，只有红糖汁儿觉得不够好了，所以，在上菜的时候，在上面撒上冰糖渣儿、果料、白糖和熟芝麻。这样，就是豪华版的驴打滚了。

至于现在这款只有红豆沙馅儿的简版驴打滚，我也不知道还算不算正宗的豆面糕了。

芝麻凉糕卷

原料　糯米粉、熟芝麻仁、白糖、果料

特点　清凉爽口，有芝麻的香味，吃时撒白糖果料。

艾窝窝

原料 糯米、大米粉、白糖、熟芝麻、核桃仁、瓜子仁、青梅、金糕、冰糖渣、糖桂花

特点 此小吃形状如球，表面沾有熟米粉，如抹一层白霜，质地黏软柔韧，馅松散而甜香。

艾窝窝制作方法

原料 粳米粉、红糖、糖桂花、香油

特点 色白光润，质地像牛筋一样柔韧，香甜耐嚼，爽口不黏，有着浓郁的红糖桂花的香味。

牛筋窝窝——越嚼越有劲的牛筋窝窝

日子就是这样，过着过着，有的东西就没了，有的东西就有了。

现在北京的烧烤店里，有两样东西是基础搭配。一个是花（生）毛（豆）一体，一个是疙瘩汤。撸完串，喝完酒，来个疙瘩汤溜溜缝儿，真是人生一大幸事。

现在你们吃的疙瘩汤里，都撒着鸡蛋花。我们那会儿的疙瘩汤里，没有鸡蛋花，有榆树芽儿。这叫"搭青"。

后来，疙瘩汤里的榆树芽儿没了，有了鸡蛋。

确实是提升了品质，但是我有点想那一撒的青色。

就像现在许多小吃都可以用机器做了，特别麻烦的，都退了场。我们这些做小吃的手艺人，轻松了许多。可是我也还是想念那些耗时间耗体力的日子和味道。

比如牛筋窝窝。

这是一道用粳米粉做的小吃。红糖桂花调馅儿，包好了，放在月饼花模子里刻出花纹来，再蒸。

出品柔中带韧，爽口不黏，特别有嚼头。

牛筋窝窝的制作材料只有四种：粳米粉、糖桂花、红糖和香油。

明明是像水一样柔软的粳米粉，经过了我的手，就变成了像牛筋一样，真是太奇妙了。

这就是手艺的力量。

芸豆卷——提着脑袋做的芸豆卷

原料 白芸豆、白糖、桂花、芝麻仁、碱面

特点 外皮雪白，横断面为云状的花纹图案，形象美观，质地细腻，馅料香甜，清爽适口。

芸豆卷制作方法

我做的这道"芸豆卷"是上过APEC会议的国宴餐桌的。前来参会的墨西哥领导人吃到这一口幸福的清香时，不知他是否能联想到这样精致可口的美味原材料其实来自他的祖国。

有意思吧，咱们北京传统小吃芸豆卷的主要原材料白芸豆，是个地地道道的舶来品，故乡就在墨西哥。

墨西哥人餐桌上自古有三个主角——玉米、菜豆和辣椒，在食用这三样食材上，我们中国人是不折不扣的后辈。而白芸豆的另一个名字就叫多花菜豆。

白芸豆是怎么漂洋过海来到中国的，目前还没看到具体的记载。假如姑妄猜之的话，也请大家姑妄看之，估计这大豆子是明代初年和玉米一起从墨西哥经印度、缅甸进入云南，然后，在中国落地生根的。

不过，玉米从传入中国，到清乾隆年间，一直都有明确记载，是皇家御用之物，在民间很是珍贵。明《留青日札》、清《盛京通志》里都有玉米的记录。明代《金瓶梅词作》中，还专门提到"玉米面玫瑰果馅儿蒸饼"，看来那是西门大官人宴请时候的得意之作。可是目前在明清两代的书籍中，却很少看到对白芸豆的记载。只在《本草纲目》等医书里有提到五豆的治疗功效。

拉拉杂杂说了这么多，其实就是想说，这样看来，那个慈禧老人家在宫墙里听到老百姓叫卖，于是点了外卖，后来芸豆卷成了御膳房甜点一员的说法，不怎么可信啊！

不过，据北京社科院满学博士后杨原老师说，他在清宫光绪年间的膳单和慈禧的西膳房记录中，见过芸豆卷的字样。这说明，芸豆卷至少自清末起，就是一道成熟的、完美的甜点。

我的芸豆卷是跟仿膳师傅学的，工艺繁复精致。就这一道道过箩的工序，就非常耗费时间。这道工序过去叫"澄沙"，现在虽然有那么多现代化的厨具，但没有能替换人工的。只有用人工来澄沙，才能达到一百年来一直要求的境界。

过去，做不好这道菜，是要杀头的。现在，虽然做不好没有杀头的危险了，但是我依旧不敢有一丝懈怠，这，是我应该恪守的匠人精神。

宫廷豌豆黄

原料 白豌豆、白糖、碱面

特点 此小吃原为清宫中的食品,是夏令消暑佳品,做工精细,质地细腻,颜色浅黄,香甜凉爽,入口即化。

塔糕

| 原料 | 糯米粉、小枣、豆馅、白糖、果料 |

| 特点 | 外形美观，层次分明，利口不腻，清凉爽口。 |

原料 白芸豆、豆沙馅、金糕、白糖

特点 此糕白、红、黑三色相间，味甜
酸、沙爽。

三色芸豆糕——最麻烦的北京小吃三色芸豆糕

三色芸豆糕，也是老北京传统的一个小吃，它有红、白、黑三种颜色相间的层次感，很漂亮。可以算是北京传统小吃里的最像西式甜品的一种。

红，就是京糕，也就是山楂糕。

白，就是芸豆。

黑，就是红小豆显现出来的棕褐色。

单准备这三样东西，就得半天。做的时候，还得把芸豆面做成薄厚一致的皮儿，另外做两种颜色的馅。

这个做起来非常麻烦，纯手工把芸豆面做成薄厚一致的样子，馅儿的薄厚也得非常均匀。制作的全程，气息要稳、手要准。一个手滑，就完了。

所以，别看这么一个不大点儿的小吃，能琢磨的地方，多了去了。我不想着干大事儿，这世上哪有那么多大事儿呢？把一个小东西琢磨透了，我觉得也没白来一趟。

红小豆糕

原料 红小豆、白糖、琼脂、糖桂花

特点 颜色褐红，既凉且软又沙，香甜味美，清爽利口。

民间豌豆黄

原料　白豌豆、白糖、小枣

特点　颜色浅黄，黄色红色颜色相间，香甜凉爽，此品为过去街头推车叫卖的食品，称为民间豌豆黄。

豆馅卷糕

原料 糯米、豆沙馅、熟芝麻

特点 此糕又黏又软，入口发沙，清凉爽口，甜中带有芝麻的香味。

伍

其他类

| 原料 | 纯牛奶、白糖、糯米酒

| 特点 | 奶酪历史悠久，古称"酥酪"，是
传统的北京风味小吃，呈半凝固状
态，乳白滑腻，香甜爽口，营养
丰富。

宫廷奶酪——独家配方宫廷奶酪

做宫廷奶酪是我特别得意的一个手艺。

因为这是我独自研发成功的升级版。

以前我学过制作宫廷奶酪，说实话，一直做的一般。总觉得味道缺少层次，不够惊艳。至于怎么改，我也说不太清楚，反正师傅怎么教，我就怎么做。

后来有一次接待法国总统希拉克，他专门点了宫廷奶酪。我就觉得心里不踏实。灵机一动，里面混合了糯米酒和桂花。没想到，效果出奇的好，很受欢迎。

然后我就用心总结了经验，发现如果找到一款合适的糯米酒，那么这个宫廷奶酪，就成功了一半。我研究了好几年，尝过了市面上所有的糯米酒。觉得都差点意思，于是，发酵的时候，单加了酒酿和桂花。而且，经过测试，发酵到有些过的时候，那个汤做成的奶酪，糯米酒的底味儿特别足。

这个奶酪的香气就有了层次。

先是奶香，然后是桂花香，喝完回味出来有若隐若现的糯米酒香。

这个方子就是我独家改良的了。

宫廷奶酪早就有，在清朝的时候，叫酥酪。它的制作方法，跟我自己研发的这个不太一样，也跟我师傅教的不一样。但是这三种，最受欢迎的，是我自己研发的这个。

既保证了宫廷奶酪的嫩度，还满足了"合碗"的硬性标准。所谓"合碗"，就是做好的奶酪，把碗倒过来，看着像豆花似的奶酪，不能掉出来。

学了这么多年老北京小吃，都是师傅传授给我，我继承的。到了宫廷奶酪这里，我可算是不手心向上，只进不出了。我也有了自己的独门手艺，可以为老北京小吃的生存和发展，贡献自己的绵薄之力。

原料　大米、杏仁、白糖、桂花

特点　粥洁白、爽口润滑、香甜
　　　适口，有浓郁的杏仁味道。

杏仁茶——童年的甜蜜杏仁茶

七八十年代的时候，小朋友们都唱一首儿歌："我在马路边捡到一分钱，把它交到警察叔叔手里边。叔叔拿着钱，对我把头点，我高兴的说了声叔叔再见。"

就这两句词儿，来回唱四遍。就是因为那会儿一分钱，可能管大用呢！谁要是丢了一分钱，那没准丢了一顿饭。

我记得长椿街食堂的鲜肉大包子，六分钱一个，一咬满嘴流油。最棒的是致美楼的鲜肉大包子，里面实实在在的一个大肉丸子。六分钱就能跟过年一样解馋。

最让我惦记的不是大肉包子，而是杏仁茶。

三分钱一碗，洁白爽口，回味无穷。要是丢了一分钱，可就吃不着啦！

我六七岁的时候，家住西单，附近有个特别小的早点铺，用现在的话说，就是耳朵眼儿大小的苍蝇馆子。当然里面很干净，没有苍蝇。只有一群大小馋猫。

我是其中一只小馋猫。我特别盼望我的母亲想吃他们家的杏仁茶，这样，我就能搭个"顺风茶"。

店里有一台磨，老板在店里磨粉。他把大米和杏仁儿放一起慢慢磨，洁白香甜的杏仁儿米粉飘飘摇摇的落下来，我的眼睛盯着磨看，甚至能看清那细细的粉，是打着滚落下来的。

老板把这些粉熬成粥，做成杏仁茶。

说不出的好喝。

几十年，我都记得这种味儿。

我想，我可能把什么重要的东西落在那个杏仁茶店里了。

我想把它找回来，虽然不知道交给谁，但是我想跟它说"谢谢"，"再见"。

原料 豌豆、红糖、白糖、桂花、糖玫瑰

特点 质地松沙糊口，别具风味，此粥烂而不碎，稀而不澥，特别是加进红糖搅和后，即由稀变稠，沙甜糊口，香味醇厚。

豌豆粥——碎而不烂的豌豆粥

现在年轻人往往在离家乡很远的地方工作和生活。常常听大家聊天感慨，说想家了，想家乡的美食了，但是离得远，也吃不着，平添了乡愁。

每每我听到这样的话，心里想，我没有离开我的家乡，但是也吃不到家乡的美食了。你的乡愁可以买张飞机票解愁，我的乡愁怎么办呢?

我从小跟着家里大人吃到了很多好吃的东西，后来就渐渐的看不到了。豌豆粥就是其中一个。

记得七八十年代，我还在饭店里买过豌豆粥喝，米熬的烂烂的，豌豆一粒一粒的睡在碗里，好像刚刚从豆荚里剥出来那么饱满。放一粒在嘴里，舌头一舔，就化了。

行内人知道，这就是功夫。

其实豌豆粥里的豌豆是糗过的。豆子糗过以后，都会烂，变得看上去就很绵软。但是做豌豆粥，糗的时候要掌握好功力。有个不恰当的比喻，糗豌豆粥里的豌豆，就要练好金庸笔下的化骨绵掌，做到外表无伤而内里无一处不伤。豌豆糗好之后，外表看十分正常，其实里面已经绵软无骨。

大多数人都做不到。所以，最近这二十年，我没有见过哪里有卖的了。

要是不想吃东西，肠胃不舒服，爷爷奶奶辈儿的人，就会喝一碗豌豆粥。圆润可人，撒上红糖桂花，一碗下肚，别提多舒坦了。

当地的小吃，是家乡的一部分。我们一路奔波，牵着我们的那根线，不就是家乡的味道么。

可惜，现在那根线越来越不结实，以后，我们还能找到家乡么?

面茶

原料 糜子面、芝麻酱、芝麻仁、花椒
面、盐、姜粉、碱面

特点 颜色鲜黄、质地浓稠、表面盖一层
芝麻酱，香味扑鼻，咸淡适口。

陆

徒弟作品

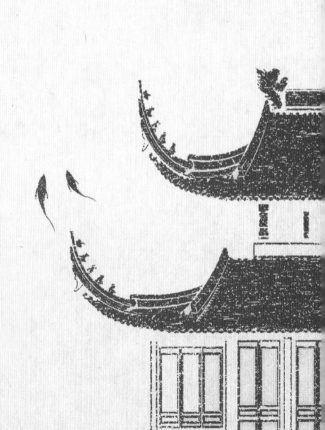

象形天鹅酥

面果香梨

制作人：玖彪

原料 面粉、泡打粉、酵母、菠菜汁、香梨馅

特点 形态香梨，香甜可口。

制作人：玖彪

银丝卷

原料 面粉、酵母、白糖

特点 色泽洁白，软糯，银
丝粗细均匀。

制作人：丁栋栋

米油凉糕

原料 大米、炼乳、白糖、琼脂

特点 色泽洁白，透亮，香甜软糯。

制作人：周贵红

面果石榴

原料 | 面粉、泡打粉、白糖、菠菜汁

特点 | 形态逼真，香甜可口。

制作人：李非

面果青苹果

原料 面粉、白糖、莲蓉馅、酵母、菠菜汁

特点 形态逼真，香甜可口。

面果青苹果制作方法

制作人：刘娇

佛手酥

原料 面粉、豆沙、白糖、猪油

特点 形态逼真，香甜酥脆。

制作人：刘超

迷你手抓饼

原料 　面粉、香葱、黄油、盐

特点 　色泽金黄，层次分明，酥脆。

制作人：孙敬

素香肉饼

原料　面粉、秘制素馅、色拉油

特点　层次分明，咸香味。

制作人：李广桥

翡翠白菜饺

原料　面粉、菠菜汁、猪肉
　　　白菜馅

特点　面皮透明，像翡翠一
　　　样，形状像白菜花。

制作人：罗京力

国宴油条

原料 面粉、泡打粉、猪油、黄油

特点 色泽金黄，外酥里软。

制作人：王春强

老北京酥皮包子

原料 面粉、肉馅

特点 色泽分明，底部脆香。

制作人：姚涛

鲜虾煎蛋肉锅贴

原料 面粉、大虾、酱肉馅

特点 色泽金黄，肉香味浓。

制作人：任婉婷

蝴蝶花卷

原料　面粉、南瓜汁、白糖、泡打粉、酵母

特点　形状逼真，香甜可口。

制作人：莉华

奶香枣馒头

制作人：张毓

原料 面粉、红枣、奶粉、白糖、酵母

特点 枣香味浓，香甜软糯可口。

三色绣球

制作人：章平宝

| 原料 | 面粉、南瓜汁、紫薯汁、白糖 |

| 特点 | 造型逼真，色泽分明，艳丽。 |

绿豌豆糕

原料 美国甜豌豆、白糖、琼脂

特点 色泽碧绿，香甜。

制作人：高旭

菠菜玫瑰花

原料 面粉、菠菜汁、白糖、酵母

特点 造型逼真，口味香甜软糯。

制作人：巩丽亚

紫薯玫瑰花

制作人：王丽军

原料 面粉、菠菜汁、白糖、酵母

特点 造型逼真，薯香味浓。

八宝糖包

制作人：郭喜荣

原料 低筋面粉、核桃仁、猪油、白糖、奶粉

特点 口感松软，光泽雪白。

青稞饼

制作人：崔浩然

| 原料 | 青稞面粉、白糖、炼乳 |
| 特点 | 色泽青绿，口味香甜。 |

作者简历

冯怀申

62岁，北京人。

重要经历

· 1975年参加工作，在北京东城区隆福寺小吃店拜王福玉门下学艺；
· 1982年在北京仿膳饭店工作，由第三代御膳技艺传承人崔宝龙老师传授宫廷小吃；
· 曾担任北京天地一家餐饮有限公司面点厨师长，多次主理国家领导人、国外元首及社会各界名人宴会；
· 2002～2003年，担任加蓬共和国首都利伯维尔市中国饭店中餐厨师长；
· 2006年被编入"北京当代名厨"一书；
· 2007年荣获国际中华美食烹饪大赛面点金奖；
· 2009年荣获全国面食大赛总冠军；
· 2012年在第八届世界方便面峰会"中华面食荟萃"活动中展示中华面食文化，荣获卓越贡献奖。
· 曾在中央电视台、北京电视台、河北电视台、天津电视台、黑龙江电视台等进行讲座展示；
· 国际中华美食养生烹饪交流赛面点金奖；
· "快乐生活一点通"特约嘉宾；
· 现任老北京一碗居面点总监。

职称

· 国家高级面点技师
· 北京当代名厨
· 中国烹饪大师
· 国际中华美食养生协会会员
· 老北京烧饼非物质遗产传承人
· 中国民促会饮食文化委员会顾问
· 中国御膳工作委员会专家委员
· 中国御膳府饮食文化艺术发展中心客座教授

徒弟个人简历（按排行排序）

姓名：林郑
职称：中式烹调技师，高级面点师，高级营养师
任职：北京市人大常委会下属单位京都苑宾馆
　　　北京市老才臣食品有限公司任餐饮顾问
　　　北京市海淀社区任老北京文化和厨艺金牌讲师
　　　北京市德遇女学馆任厨艺金牌讲师

姓名：耿彪
职称：高级面点师
任职：国家会议中心大酒店中餐面点厨师长
　　　新浪微博鲜城生活家
　　　腾讯企鹅号优秀北京美食代言人
　　　熊猫传媒2016最佳宫廷手艺传承人
　　　今日头条年度美食头条号获得者

姓名：丁栋栋
职称：中级面点师
任职：便宜坊公司

姓名：李非
职称：健康管理师高级技师，中式烹调师三级
任职：北京游坤问鼎餐饮管理有限公司董事长
　　　非厨房品牌创始人

姓名：周贵红
职称：中式高级面点师
任职：大理古城宫廷糕点店

姓名：李广桥
职称：中式高级烹调师
任职：北京清和园素食餐厅

姓名：张毓
职称：中式面点技师
任职：北京龙凤缘千禧食府

姓名：刘超
职称：中式高级面点师
任职：中石油阳光餐饮

姓名：张莉华
任职：北京利民恒华农业科技有限公司董事长
　　　皇城货郎创始人

姓名：姚涛
任职：北京三祥餐厅，三祥包子品牌创始人

姓名：罗京力
职称：中式烹调技师
任职：翠满楼餐饮股份有限公司

姓名：刘娇
任职：北京游坤问鼎餐饮管理有限公司

姓名：高旭
职称：西式面点师四级
任职：北京游坤问鼎餐饮管理有限公司

姓名：孙敬
职称：中级厨师
任职：北京星巴克咖啡

姓名：任婉婷
任职：西门子（中国）有限公司

姓名：巩丽亚
任职：STOA International Realty Service, Inc

姓名：章平宝
职称：中国烹饪大师，高级技师，名厨委秘书长
任职：江苏省餐饮行业协会

姓名：王丽军
职称：中式面点师，公共营养师三级
任职：山西省经贸学校

姓名：王春强
职称：中式高级厨师
任职：北京一碗居

姓名：郭喜荣
职称：中式面点技师，国家公共高级营养师
任职：安徽省巢湖市金玉满堂酒店

姓名：崔浩然
职称：高级面点师
任职：北京紫玉饭店